你好
Hello
太阳系

你好，月亮

[西]努里亚·罗卡　[西]卡罗尔·伊森◎文　　[西]罗西奥·博尼利亚◎绘　马爱农◎译

科学普及出版社

·北 京·

这是魔法吗?

今天，月亮似乎从天空中消失了，夜晚变得一片漆黑。

"就像魔法一样，是不是？"爱丽丝的妈妈笑着说。

但这不是魔法，而是月食。科学家们对月食做了深入的研究，甚至还能够预测月食！

月食是科学问题

科学家们发现，当地球位于月亮和太阳之间时，地球会把月亮遮住，我们就看不到月亮了。

并不是所有的月食都是一样的。有时整个月亮都被遮住，有时月亮只被遮住一部分。无论是哪种月食，景象都十分壮观！

人们知道月食是非常古老的事了

人们在很多很多年前就知道月食了。亚述人和巴比伦人研究过月食,知道它们的存在。

如今，计算机能精确地计算出地球和月亮的运动，因此可以预测月食的发生。

月亮也玩捉迷藏

"当月亮的形状像一瓣橘子时，那就是半月食，对吗？"奥利弗问。

"不对！"爱丽丝的妈妈回答。

月亮有时看上去很圆，有时却像一个细细的字母 c，还有的时候，你根本看不到月亮。这些都是不同的月相。

月亮的圆缺

科学家们确定了四个月相：满月、上弦月、下弦月和新月。

在满月时，月亮看上去又大又圆。在上弦月时，月亮是字母 ⊃ 形。而在下弦月时，它的形状像一个字母 ⊂。当你完全看不见月亮的时候，就是新月。

月亮上的阴影

爱丽丝的妈妈递给孩子们一副双筒望远镜，让他们观察月亮。"哇！到处都是山脉和陨石坑！"奥利弗惊叫道。

月亮本身是不发光的，它像镜子一样反射太阳的光。所以，你需要使用带特殊滤镜的望远镜，才能避免自己的眼睛受伤！

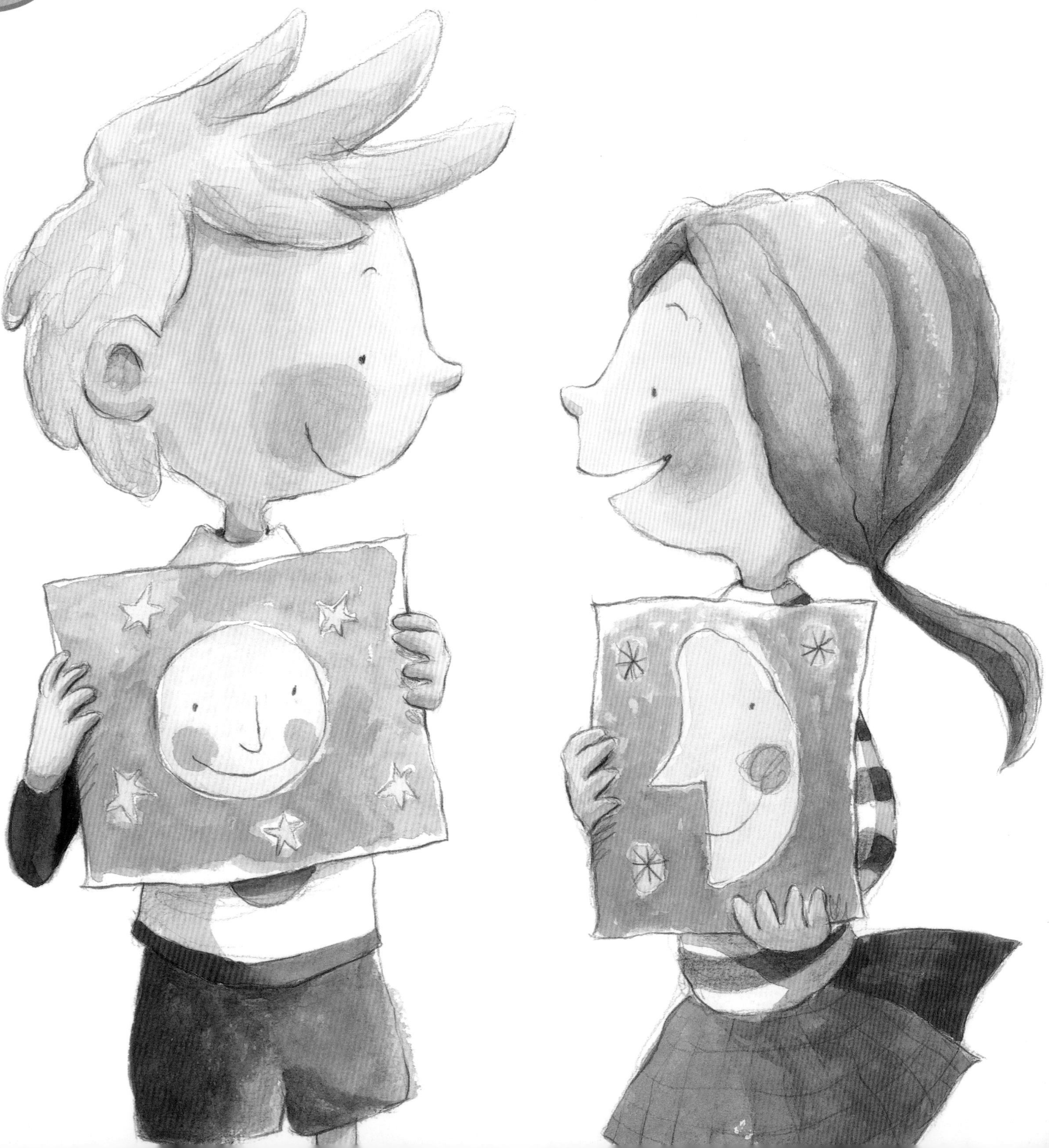

月亮有一张脸

你观察月亮的时候，会觉得它好像有一张脸，是不是？其实那是山脉和陨石坑的阴影产生的效果。

所以，我们画月亮的时候经常会画上一张脸。

月亮是我们的好伙伴

月亮是太阳系中离我们最近的天体，它总是陪伴着我们，因为它是地球的卫星。卫星是围绕行星旋转的天体。

地球比月亮大得多，如果地球有一颗葡萄那么大，那么月亮就像……"就像一粒大米的大小！"爱丽丝说。

孤独的水星和金星

地球不是唯一一颗拥有卫星的行星，它附近的许多行星都有自己的卫星。

地球只有一颗卫星，火星有两颗卫星，土星、木星、天王星和海王星有很多颗卫星。而水星和金星呢，却连一颗卫星也没有。

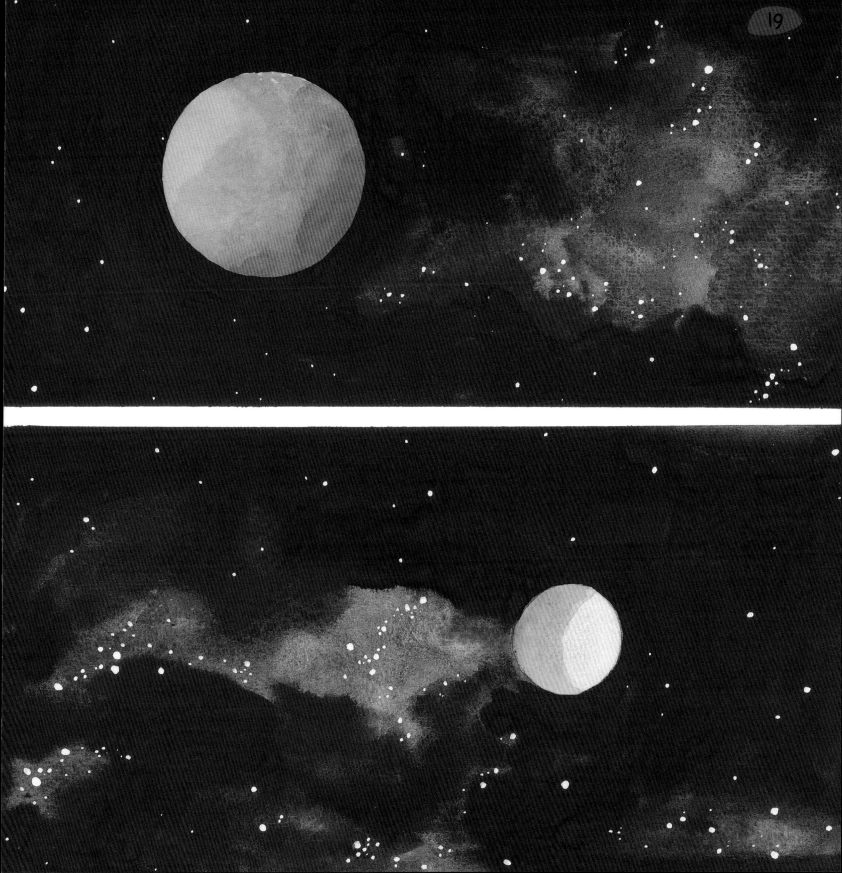

宁静之海

"曾经有几位勇敢的宇航员登上了月球，他们是柯林斯、阿姆斯特朗和奥尔德林。"爱丽丝的妈妈说。

"阿姆斯特朗在月球表面一个叫静海的地方留下了脚印。"

月亮上没有海

"月亮上有海吗？"

"没有，这个名字指的是一片像海一样浩瀚的地方。"

月亮上没有河流，没有树木，没有动物，没有红绿灯，没有房子，也没有猫猫狗狗。月亮上只有很微小的灰尘，它们不会移动，因为没有风！

陨石和陨石坑

"月亮上有许多又大又深的陨石坑。"爱丽丝的妈妈说。

"因为有许多叫作陨石的大石头在天空中飞来飞去，它们落在月亮表面时，有些陨石会形成巨大的坑，被称为陨石坑。"

你不能在月亮上生活

到了月亮上，你会看到天空总是一片漆黑，布满了星星。白天热得像在烤箱里，夜晚冷得像在冰柜里。

"而且，那里没有水，所以我们不能在月亮上生活。"爱丽丝的妈妈说。

阿姆斯特朗的一跳

"我真想像阿姆斯特朗那样一跳老高，太好玩了！"奥利弗说。

他看过一些视频。

阿姆斯特朗能跳得很高，是因为月球上没有多少引力。如果你在月球上用力行走，就会跳起来；如果你想跳一下，你就会像运动员一样跳得很高！

地球，蓝色的星球

登上月球的探险家们拍了一张著名的照片，上面是我们的地球飘浮在太空中。

地球被称为蓝色星球，因为地球上有海洋，所以它像一个巨大的蓝色球体，而大气层又使它带有一些白色。

趣味活动

盘子里的"陨石坑"

你需要到厨房里去找到一个盘子、一包面粉和一些大米。在盘子里倒入大约 1 厘米厚的面粉。一切准备就绪，开始把米粒往面粉上扔吧！仔细观察：扔米粒用的力气不同，形成的"陨石坑"也会有大有小。

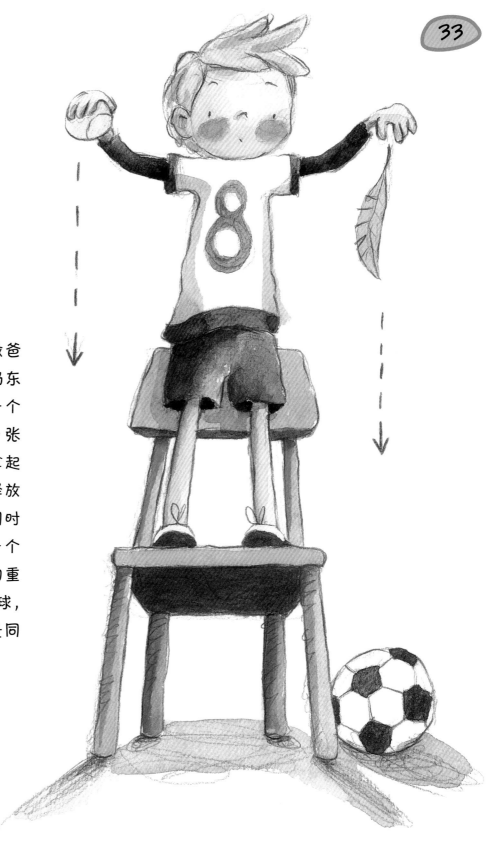

往地上扔东西

在这个趣味活动中，你可以做爸爸妈妈不让你做的事情：往地上扔东西！去找一些完全不同的东西：一个足球和一个网球、一根羽毛、一张纸、一块橡皮泥和一个棉花球。拿起足球和网球，站到椅子上，同时释放两个球。哪一个先着地？接下来同时释放一个球和一张纸。你认为哪一个会先着地？最后，用秤称出网球的重量，做一个和网球一样重的棉花球，然后同时释放这两样东西。它们是同时着地吗？

亲子指

在天空中，月亮是除太阳外**最明亮的天体**。你可以使用双筒望远镜观察月亮，但最好在满月过后观察，那时阴影会让画面更加有趣。虽然用望远镜观察月亮不像观察太阳那么危险，但还是建议用月亮滤镜来过滤它反射的紫外线。月亮滤镜不能用于观察太阳。

月相是一种光照效果：根据月亮与太阳和地球的相对位置关系，月亮被太阳光照的方式会有所不同。当太阳照到我们所看见的整个月亮表面时，就是满月。当太阳没有照到面向我们的月亮表面时，就是新月。在这两个月相的中间，我们会看到月亮的一部分在变大或变小。在地球的北半球，月亮呈字母C形时是正在变小的下弦月；呈字母D形时是正在变大的上弦月。所以人们经常说月亮是善变的。但这种情况只发生在北半球。

在古代，人们就已经用月相来测量时间了。一种月相大约持续一星期，整个周期是一个月左右。

当地球位于太阳和月亮之间时，也就是说，当地球在月亮上投下阴影时，**月食**就发生了。但是在月食期间，地球的阴影并不是全黑的，而是有些发红，这是因为阳光穿过大气层时被改变了颜色。所以在月食期间，月亮变黑之后并没有从视野中消失，而是呈现出一种红色，与它平常那种明亮的样子不同。

阿波罗 11 号是一艘宇宙飞船，第一次将人类送上了月球。柯林斯、阿姆斯特朗和奥尔德林乘坐宇宙飞船登月。柯林斯在宇宙飞船里负责监督月球探测舱的操作，阿姆斯特朗和奥尔德林在月球的表面行走。这件事发生在 1969 年 7 月 21 日。阿姆斯特朗说了非常著名的一句话，"这是个人的一小步，却是人类的一大步"。全世界的电视台都转播了这件大事。

引力是存在于具有质量的物体（也就是以千克为单位的物质）之间的吸引力。在地球上，一个物体的质量越大，它受到地球的引力就越大。地球的引力阻止我们飞向太空，使我们能够稳稳当当地在地面上行走。月球的引力比地球小，所以，阿姆斯特朗在月球表面行走时，一下子就跳了起来。

图书在版编目（CIP）数据

你好，太阳系 . 你好，月亮 /（西）努里亚·罗卡，
（西）卡罗尔·伊森文 ;（西）罗西奥·博尼利亚绘 ; 马
爱农译 . -- 北京 : 科学普及出版社 , 2023.1
    ISBN 978-7-110-10512-2

Ⅰ . ①你… Ⅱ . ①努… ②卡… ③罗… ④马… Ⅲ .
①月球 – 儿童读物 　Ⅳ . ① P18-49

中国版本图书馆 CIP 数据核字（2022）第 200287 号

著作权合同登记号：01-2022-5115

策划编辑：李世梅	封面设计：许　媛
责任编辑：李世梅	责任校对：邓雪梅
助理编辑：王丝桐	责任印制：李晓霖
版式设计：金彩恒通	

出版：科学普及出版社　　　　　　　　　　　　　　邮编：100081
发行：中国科学技术出版社有限公司发行部　　　发行电话：010-62173865
地址：北京市海淀区中关村南大街 16 号　　　　传真：010-62173081
网址：http://www.cspbooks.com.cn

开本：787mm×1092mm　　1/12
印张：14 ⅔　　　　　　　　　　　　　　　　　字数：72 千字
版次：2023 年 1 月第 1 版　　　　　　印次：2023 年 1 月第 1 次印刷
印刷：北京瑞禾彩色印刷有限公司

书号：ISBN 978–7–110–10512–2 / P · 234　　　定价：168.00 元（全 4 册）

Original title of the book in Catalan:
© Copyright GEMSER PUBLICATIONS S.L. , 2014
Authors: Núria Roca and Carolina Isern
Illustrations: Rocio Bonilla

Simplified Chinese rights arranged through CA-LINK International LLC
(www.ca-link.cn)

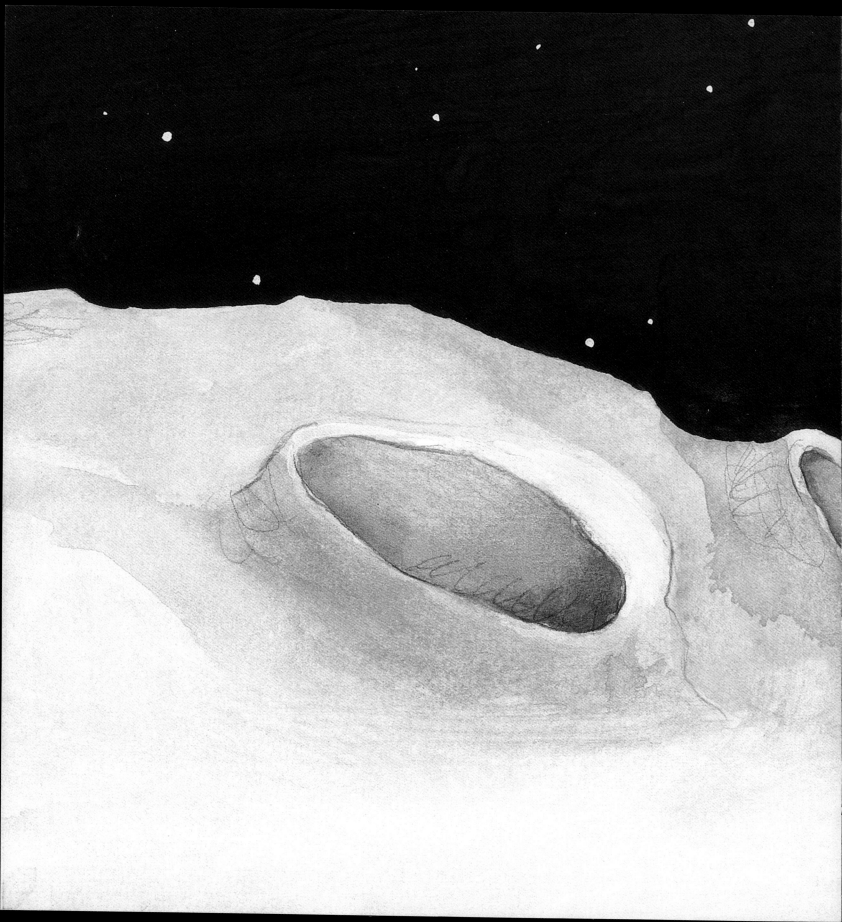